物理篇

哇，科学有故事！

热的故事

〔韩〕孙英云 / 文 〔韩〕吴振旭 / 绘 千太阳 / 译

人民东方出版传媒
People's Oriental Publishing & Media
东方出版社
The Oriental Press

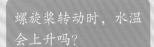

目录

汤普森老师，
**大炮为什么会
发热？**

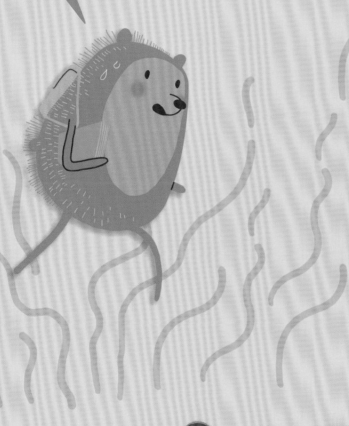

　　"热"到底是什么东西呢？以前，人们一直认为热是一种看不见的物质，这种物质一旦出现就会发热。不过，在制作大炮的过程中，我突然产生了这样的想法：其实热并不是一种物质，而是物体在运动时产生的一种能量。

早在原始时代，人们就已经懂得利用火，还知道火能散发热。

他们不但会通过火来维持体温、烹制食物，而且会用火烧制容器。

然而，没有人知道"热"到底是什么东西。

啊！好烫！

在 18 世纪初期，科学家们普遍认为热固定就是一种叫作"热素"的物质。

他们认为热是一种用肉眼看不见的微粒，所以将它命名为"热素"。

他们觉得热素就像滚烫的空气一样，虽然看不见却能感受得到。

他们认为热素多的物体会发烫，而热素少的物体摸起来冰凉。

他们觉得原本滚烫的水变冷，就是因为水中的热素被排放出来了。

到了 18 世纪后期，英国物理学家本杰明·汤普森也对"热"抱有很大的兴趣。当时，汤普森作为德国的军事顾问，主要负责监督大炮的研制工作。那时候，如果要制作大炮的炮管，人们就得在铁柱中间钻一个可以放入炮弹的洞，在铁柱中间钻洞需要非常巨大的力量。

于是，人们便用十匹马拉着带有钻头的圆柱体旋转，来钻炮管。

有一天，汤普森不小心摸到了正在制作的炮管，结果被吓了一跳："啊！好烫。明明没有加热呀，怎么会这么烫呢？"

如果按照之前科学家们认可的热素理论，炮管发热是因为铁柱原本拥有的热素被释放出来。但是物体所拥有的热素总量是有限的，因此当热素全部释放出去后，它就不应该继续发热才对。

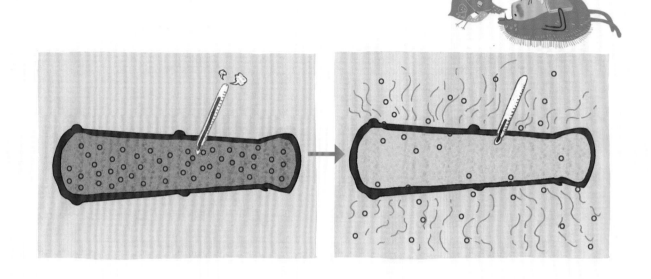

然而在钻头旋转的过程中，炮身始终没有冷却。

不，实际上它不仅没有冷却，反而变得更烫了。这一点让汤普森感到非常奇怪。

这不符合热素理论。

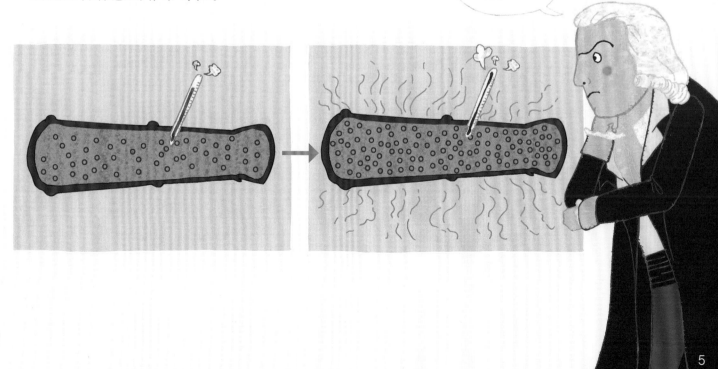

汤普森认为热与钻头的运动有关。

于是，他决定亲自做实验，看看铁在发生摩擦时究竟会产生多少热量。

汤普森拿出制作炮身剩下的铁柱，再用非常钝的钻头去钻它。

……

随着钝钻头的旋转，铁柱开始发热，最终将装置中的水烧得滚烫。

1.钻头在旋转时会与铁柱产生摩擦。

2.摩擦产生的热会加热铁柱。

汤普森的实验

3.随着摩擦产生的热越来越多，铁柱周围的水开始沸腾起来。

汤普森观察了一下水沸腾的时间。他发现只要钻头不停地转动，水就会一直处于沸腾状态。

看到这个实验后，人们感到非常震惊："明明没有用火烧，水为什么会一直沸腾呢？"

就这样，汤普森认为热与运动有关的猜测得到了证实。

热是通过物体运动产生的。

实验结束后，汤普森对人们说："铁柱和钻头原本都不热，但现在却产生足以令水沸腾的热。你们还认为热是物体内部含有的一种看不见的物质吗？"

看到没有人回答，汤普森继续说："热并不是一种物质。在钻头钻铁柱的过程中，热一直都在产生。如此说来，热就是物体在运动时产生的一种能量。"

钻头停止时

钻头转动时

一直以来，大多数科学家都认为热是一种物质，而人们也信以为真。

但汤普森果断地摒弃原有的思想，大胆猜想。同时，他还亲自通过实验证明了自己的猜想。

汤普森用行动使人们向了解热的本质又靠近了一步。

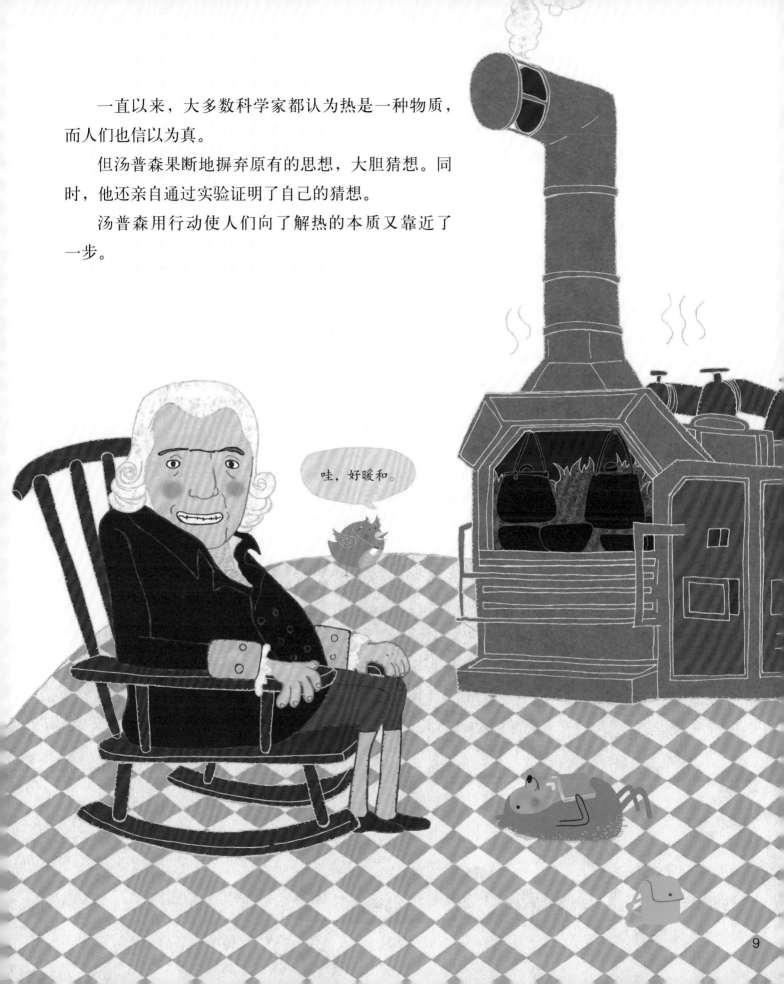

热

热并不是物质，而是一种物体运动时所产生的能量。越热的物体，所拥有的热能就越多。表示物体冷热程度的物理量是温度，而热会从温度高的物体向温度低的物体传递。热的传递方法主要有热辐射、热传导和热对流三种。

热传递

热会从温度高的地方向温度低的地方传递。温暖的物体和冰凉的物体相遇后，温暖的物体就会被抢走热量，而冰凉的物体会得到热量。

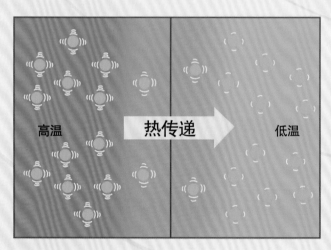

温度不同的物体相遇，热就会出现传递。

两物体的温度变得相同时，热传递过程就会停止。

热辐射

热可以通过辐射的方式直接传递。热辐射通常以光线的方式传递热，太阳就是以热辐射的方式传递热能的。

暖炉附近之所以暖和，是因为热会通过辐射的方式进行传递。

热传导

当物体和物体接触时，热会在物体之间进行传递。这主要是固体传递热的方式。

捧着热饭碗的手感到暖和，是因为热会以传导的方式传递到手上。

热对流

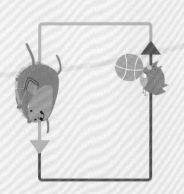

热水或热空气会因相对较轻而向上移动；同时，冷水或冷空气因相对较重而向下移动。我们称这种现象为"对流"。液体和气体主要以热对流的方式传递热。

当给锅的底部加热时，底部的水变热后与上层的水交换位置，形成对流，最后整锅水都会变热。

寻找陨石

事实上，我们在夜空中就能看到物体运动产生热的现象。那就是带着璀璨的光芒划落的流星。流星是在星际空间运行的尘粒和固体块等空间物质在接近地球时，受到地球引力的作用而进入大气层，并与大气摩擦燃烧所产生的现象。虽然大部分流星都会在大气层中燃烧殆尽，但偶尔也会有一些没有燃烧完的残留物掉落在地球上，我们称它们为"陨石"。

能够捡到陨石是一件非常幸运的事。因为陨石具有极高的科研价值，往往能卖出昂贵的价格。于是，世上便出现了一种专门寻找陨石的职业——陨石猎手。据说，2000 年掉落在中国的阜康陨石是一颗在橄榄石中掺杂着铁和镍的珍贵陨石，其价值高达每克 300 美元。

陨石既有可能带有巨大的幸运，也可能带来巨大的不幸。陨石虽然拥有很高的科研价值，但一旦掉落在人或建筑物上，就有可能造成极大的损失。

掉落在中国的巨大陨石——阜康陨石

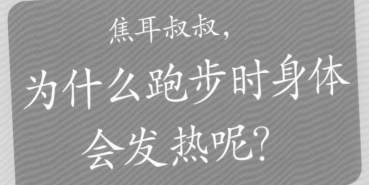

焦耳叔叔，
为什么跑步时身体
会发热呢？

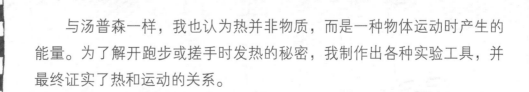

与汤普森一样，我也认为热并非物质，而是一种物体运动时产生的能量。为了解开跑步或搓手时发热的秘密，我制作出各种实验工具，并最终证实了热和运动的关系。

1818 年，英国物理学家詹姆斯·焦耳出生在一个酿酒师家里。虽然出生在富裕的家庭里，但由于体弱多病，他不能去上学，只能选择在家中自学。

在 16 岁时，焦耳遇到了一位伟大的老师。他就是主张世界上所有的物质都是由"原子"构成的化学家、物理学家道尔顿。焦耳跟着道尔顿学习数学和化学。

焦耳还经常跟着道尔顿去听各种科学演讲。因此，每当有人提出新的科学理论或公布新的发现时，焦耳总能很快地接触到这些信息。

到了 20 岁时，焦耳将家中的一个房间改造成自己的实验室。

"哈哈哈，我终于有自己的空间了。如果想成为道尔顿老师口中那种富有创意的科学家，肯定得多做一些实验吧！"

一天，焦耳的父亲来到他的实验室，对他说："詹姆斯！我想把酒厂的蒸汽机换成电机，你能不能帮我研究一下？"

接到父亲的委托后，焦耳就开始研究电机。

焦耳为了制作高效的电机做了很多尝试和努力，但这些努力最终都以失败告终。

不过，他却发现了一个与电有关的非常重要的现象——电流通过电线时，电线会发热。

"嗯，我得测试一下电流通过电线时会释放出多少热量。"

焦耳先是给电线通电，然后开始记录电线的温度。当他逐渐增大电流时，温度计的示数也缓缓地升了上去。

"原来通过电线的电流越大，产生的热量也越多。真是太神奇了！"

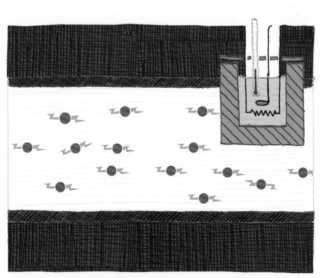
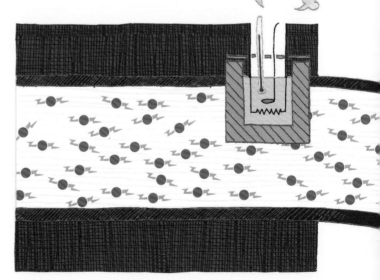

1840年，焦耳推导出了计算通电的电线产生热量的公式。这个公式用电阻、电流的大小和通电时间计算电线所产生的热量。焦耳把这个公式表示的内容命名为"焦耳定律"。

　　为了更深入地了解热，焦耳不停地展开研究。

　　有一天，焦耳在搓热双手时，突然想到了一个问题："我们觉得手冷时，搓一搓双手，手就会变暖。既然如此，那是否说明热与运动有关呢？"

跑步时，全身会发热。

搓手掌时，掌心会发热。

打铁时，铁会发热。

为了验证自己的猜想，焦耳制作了一个有趣的实验装置。

这是一种连接砝码和螺旋桨的装置。焦耳还在装满水的桶中放入温度计，用来测量螺旋桨转动时水的温度。

当焦耳放下砝码时，其下坠的力量拉动绳子，带动螺旋桨旋转起来。

焦耳的实验

我很好奇螺旋桨转动时，水的温度会不会升高。

温度计

砝码

螺旋桨

果然，螺旋桨在转动时与桶里的水发生摩擦，使得水温逐渐上升。

当焦耳加大螺旋桨的转速时，水温变得更高了。

焦耳拍案叫绝："啊，我知道了！旋转的螺旋桨拥有动能，动能会令螺旋桨与水产生摩擦，从而产生热量。"

焦耳断定，这就是动能转化为热能的过程。

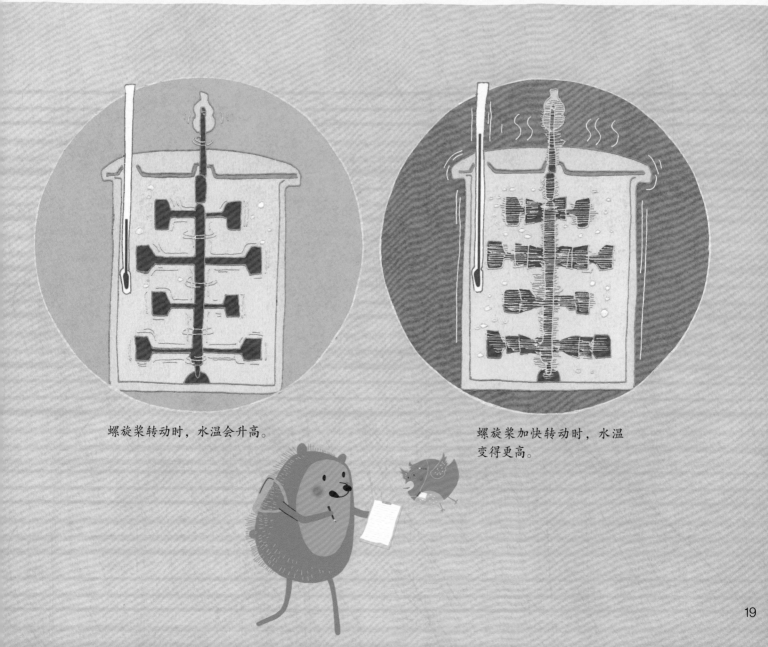

螺旋桨转动时，水温会升高。

螺旋桨加快转动时，水温变得更高。

焦耳很好奇势能是否也能转化为热能。

焦耳想到通过测量瀑布上方和下方水的温度来证明自己的猜测。他认为瀑布的水在掉落时，势能会减少，而热能会增加。

不过，由于瀑布下方的水流太急，直到最后焦耳也没能证明这一猜想。

然而，焦耳并没有轻易放弃。他最终成功证明了势能也可以转化成热能。

1847 年，焦耳在英国举行的科学学会上公布了自己的研究结果。

"动能和势能都可以转化成热能，而且总能量不会发生变化。"

正是因为有了焦耳这些富有创意的实验，如今我们才能将动能和电能转化为热能，或将热能转化为其他能量，为我们的生活创造便利。

热和能量

热作为能量的一种，可以转化为其他能量形式。我们在搓手时会感到热，是因为双手在运动时将动能转化为热能。另外，人们还能利用热能做很多有益的事情。

各种能量都能转化为热能

动能 ⟶ 热能

快速搓动木棍引起摩擦来取火。

热能可以转化为各种能量

势能

热能

火焰的热能加热气球中的空气，令气球不断上升。

电能 → 热能

电可以加热电熨斗。

化学能 → 热能

燃料

燃料燃烧时会释放出热量。

热能 → 动能 → 电能

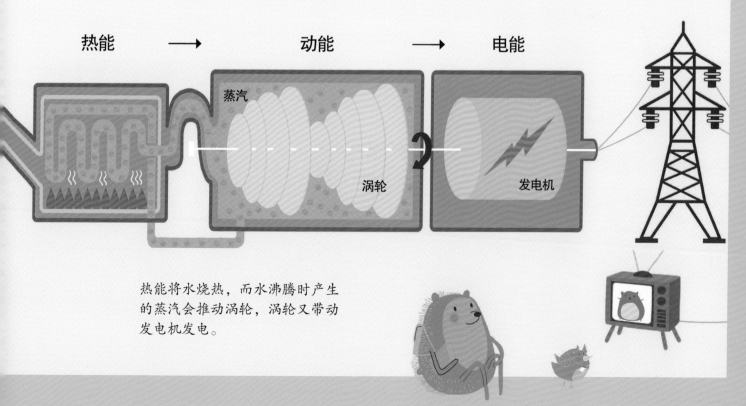

蒸汽

涡轮

发电机

热能将水烧热，而水沸腾时产生的蒸汽会推动涡轮，涡轮又带动发电机发电。

绿色环保的零能耗住宅

到了寒冷的冬天，人们会关紧窗户，甚至还在外墙贴上保温隔热材料。这么做是为了防止房间里的热量外泄。

"零能耗房屋"是指通过能源节约技术，最大限度地减少热量的流失，同时使用环保能源，尽可能减少使用石油、煤炭等化石能源的环保住宅。

防止热量流失的关键在于不让外面的冷空气进入屋内，同时防止屋内的热空气外泄的隔热技术。最典型的技术就是把两块玻璃中间做成没有空气的真空状态，从而阻止热传递。

据说，在建筑物外墙贴保温隔热材料，可以让房间内部的温度提高约4~7摄氏度。此外，有的零能耗住宅会利用地热加热冷空气，然后再灌入屋内；有的直接在屋顶安装太阳能电池，从而节约能源。

在屋顶安装太阳能电池的零能耗住宅

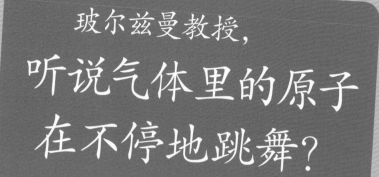

玻尔兹曼教授，听说气体里的原子在不停地跳舞？

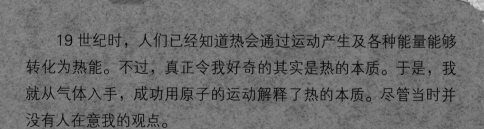

19 世纪时，人们已经知道热会通过运动产生及各种能量能够转化为热能。不过，真正令我好奇的其实是热的本质。于是，我就从气体入手，成功用原子的运动解释了热的本质。尽管当时并没有人在意我的观点。

路德维希·玻尔兹曼是一名奥地利的物理学家，主要活跃于 19 世纪后期。他非常热爱自然和艺术。

玻尔兹曼酷爱音乐，以致很多人都当他是一位音乐家，但他其实是一位著名的理论物理学家。就连德国和奥地利的皇帝都费尽心机想让玻尔兹曼担任自己国家的大学教授，可见他有多优秀。

玻尔兹曼在很多大学里教过物理，但无论多忙，他都会抽出时间研究气体原子。他始终认为热与原子的运动有关。

玻尔兹曼给学生们讲解了他眼中的热。

"今天，我们将通过气体来证明热的本质。"

他认为气体是活跃运动的原子的集合，原子不断运动形成了热和压力两种现象。

"大家看一下蒸汽机。原子的活跃运动产生滚烫的气体，而气体推动活塞，带动机器运转起来。"

玻尔兹曼认为热的本质就是原子的运动。

气缸

活塞

水

加热

水蒸气

活跃的气体原子具有更大的动能，推动活塞。

原子的动能越大，活塞就被推得越远。

当时欧洲的科学家们并不认可原子的存在，自然也就坚决否定了玻尔兹曼提出的原子的运动会产生热的观点。甚至，他们还给玻尔兹曼起了一个外号，叫"最后的原子论者"。

　　性格内向的玻尔兹曼并没能积极宣传自己的观点。最终，不断的反对声令这位天才科学家患上了抑郁症。

1906 年，玻尔兹曼在抑郁症的折磨中离开了人世。

令人难以置信的是，早在玻尔兹曼去世一年前，就已经有人发表了证明原子存在的论文。这篇论文通过漂浮在液体表面的花粉像有生命一样不停地做无规则运动的现象，证明了原子的存在。

发表这篇论文的科学家认为，空气和液体中的无数原子在运动的过程中撞击了花粉，才导致其不停地移动。

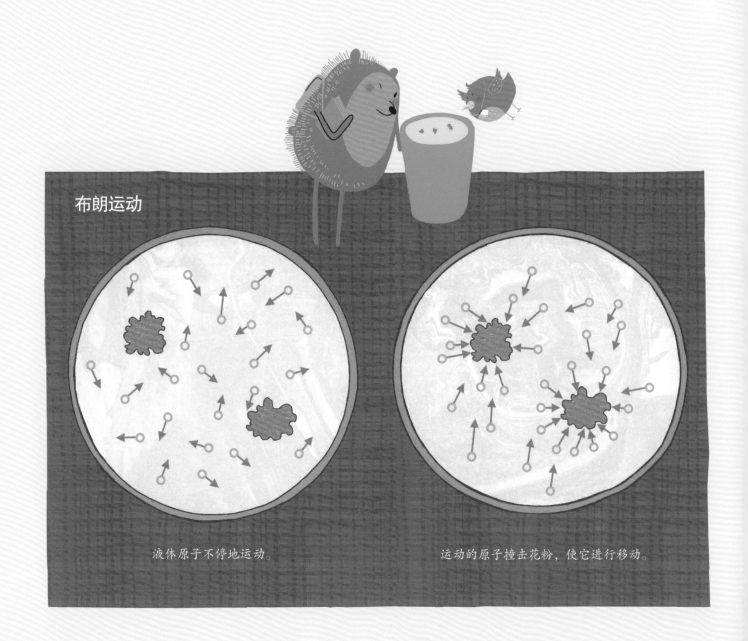

布朗运动

液体原子不停地运动。　　　　　　　　　　运动的原子撞击花粉，使它进行移动。

这位科学家正是世界上最伟大的天才——阿尔伯特·爱因斯坦。后来，经过很多科学家的不断努力，最终证实了玻尔兹曼的理论。

如今，科学家还证实了分子的存在，因此会用"原子和分子的运动"来解释热的本质。

热和物质的状态

物质在不同状态时的分子运动

固体
分子的排列非常密集、有规律，分子只会不停地在原地振动。

热能影响物质的状态，即热是决定固体、液体、气体的重要因素。吸收热量时，温度越高分子运动就越活跃，固体会变成液体或气体，液体会变成气体；而不断释放热量时，温度降低，分子运动变慢，气体会变成液体或固体，液体会变成固体。

液体
分子之间的距离比固体大；分子会不停地运动，但无法摆脱既定的距离。

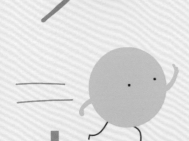

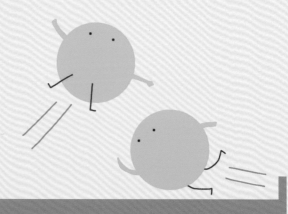

气体
分子之间的距离非常远，同时分子的运动非常活跃。

热引起的水的状态变化

自然界中，水以固体、液体、气体三种状态存在。水的状态会根据吸热和放热，发生不同的变化。

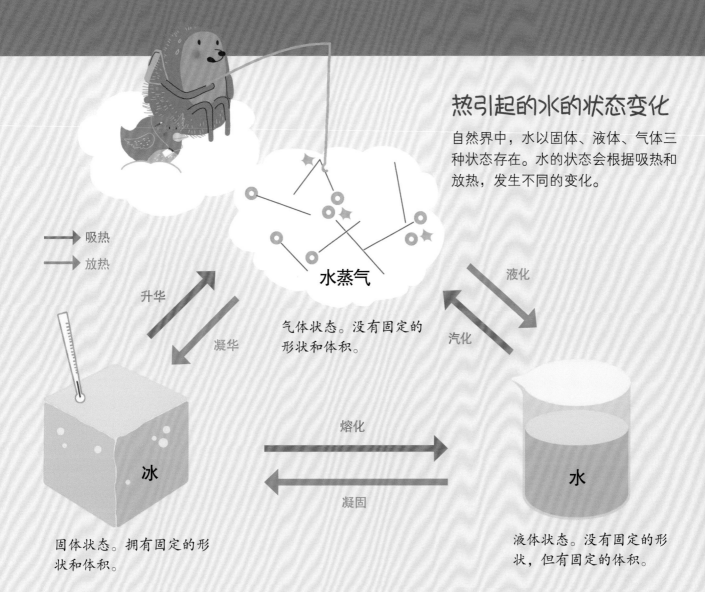

→ 吸热
→ 放热

升华

凝华

水蒸气

气体状态。没有固定的形状和体积。

液化

汽化

熔化

冰

凝固

水

固体状态。拥有固定的形状和体积。

液体状态。没有固定的形状，但有固定的体积。

熔化和凝固

固体吸热就会熔化成液体，相反，如果液体放热，就会凝固成固体。

汽化和液化

液体吸热会变成气体，相反，气体放热就会变成液体。

升华

干冰之类的固体物质吸热，不会变成液体，而是直接变成气体。

暖宝宝的科学原理

　　日常生活中，我们经常能见到利用物质的状态变化的用品。在寒冷的冬天，我们揣在口袋里的暖宝宝就是其中之一。暖宝宝不仅价格低廉、便于携带，还能有效地防止我们的手冻伤。

　　液体型暖宝宝中的透明物质是醋酸钠。这种物质的性质非常特殊。它平时会保持液体状态，一旦受到来自外部的刺激就会逐渐凝固成固体。我们知道任何物质从液体转变为固体时都会释放热量，所以用醋酸纳制成的暖宝宝才会如此温暖。

　　把变硬的暖宝宝放入热水中加热，它吸收热量，就变回液体状态，因此能够重复利用。但是有一点需要注意：不能让尖锐的物体刺破暖宝宝，否则滚烫的醋酸钠溶液流出来很容易烫伤皮肤。

利用物质的状态变化原理制造的液体型暖宝宝

利用热的技术正在快速发展

人类从原始社会开始就懂得生火并利用热量，但在很长一段时间里，人类都没能弄清楚热的本质。到了 18 世纪后期，随着科学家们发现热是一种能量，人们这才慢慢地了解到热的本质。正是因为了解到热的本质，研究热和运动关系的热力学才得到了快速发展，进而带动了工业的快速发展。

1784年
发现热是一种能量

汤普森发现在钻大炮时会产生大量的热，得知热并非物质，而是通过运动产生的一种能量。

1840年
焦耳定律的发现

焦耳发现电流通过电线时电线会发热。后来经过研究，他提出有关电流热效应的"焦耳定律"。

1847年
公布热和运动的关系

焦耳通过用温度计记录摩擦生热的实验，证明并公布了运动和热的关系。这个实验，我们称为"焦耳热功当量实验"。

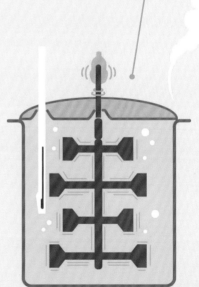

 标记的部分是正文中出现的内容。

1867年

公布原子运动与热相关

玻尔兹曼认为是原子的运动令气体产生热和压力。他认为热的本质就是原子的运动。

1905年

原子的存在得到证明

爱因斯坦对花粉的无规则运动进行解释，从而证明原子的存在。就这样，玻尔兹曼认为热的本质就是原子运动的观点得到了证实。

现在

人们正在对各种物质和燃料的燃烧热、太阳热及各种热源进行研究，试图寻找能转化为动能的新能源。此外，科学家们还在研究更有效地利用热能的方法。

图字:01-2019-6046

뜨끈뜨끈 모락모락
Copyright © 2015, DAEKYO Co., Ltd.
All Rights Reserved.
This Simplified Chinese edition was published by People's United Publishing Co.,
Ltd. in 2020 by arrangement with DAEKYO Co., Ltd. through Arui Shin Agency &
Qiantaiyang Cultural Development (Beijing) Co., Ltd.

图书在版编目(CIP)数据

热的故事 /(韩)孙英云文;(韩)吴振旭绘;千太阳译 . —北京:东方出版社,2020.12
(哇,科学有故事!. 物理化学篇)
ISBN 978-7-5207-1482-2

Ⅰ . ①热… Ⅱ . ①孙… ②吴… ③千… Ⅲ . ①热学—青少年读物 Ⅳ . ① O551-49

中国版本图书馆 CIP 数据核字(2020)第 038667 号

哇,科学有故事! 物理篇·热的故事
(WA,KEXUE YOU GUSHI! WULIPIAN · RE DE GUSHI)

作　　者:[韩]孙英云 / 文　　[韩]吴振旭 / 绘
译　　者:千太阳

策划编辑:鲁艳芳　杨朝霞
责任编辑:金　琪　杨朝霞
出　　版:東方出版社
发　　行:人民东方出版传媒有限公司
地　　址:北京市东城区朝阳门内大街166号
邮　　编:100010
印　　刷:北京彩和坊印刷有限公司
版　　次:2020年12月第1版
印　　次:2024年11月北京第4次印刷
开　　本:820毫米×950毫米　1/12
印　　张:4
字　　数:20千字
书　　号:ISBN 978-7-5207-1482-2
定　　价:256.00元(全10册)
发行电话:(010)85924663　85924644　85924641

文字 [韩]孙英云

毕业于首尔大学,后为一名高中教师。曾参与过初中科学教科书和教师用指导用书的统编。现为一名创作儿童及青少年科普图书的专职作家。主要作品有《编写教科书的科学家们》《为青少年们准备的西方科学史》《我们的土地科学考察记》《奇特想法中的科学》等。大部分作品都曾被评选为韩国科学创意财团优秀图书。

插图 [韩]吴振旭

毕业于弘益大学,并取得版画专业硕士学位。现为一名绘本作家、动画片策划人。曾在韩国现代版画公募大赛、檀园美术大赛、京仁美术大赛等众多比赛中获得各种奖项。主要作品有《渔夫和妻子》《动物农场》《变成草种子的沙子》《吴家荷塘的故事》等。

哇，科学有故事！（全 33 册）

扫一扫
看视频，学科学